ESSAI

SUR L'APPLICATION DU SYSTÈME DÉCIMAL MÉTRIQUE

DANS LES HAUTES-ALPES.

RAPPORT DES ANCIENS POIDS ET MESURES DES HAUTES-ALPES AVEC LES POIDS ET LES MESURES MÉTRIQUES.

BARRÊME GAPENÇAIS,

CONTENANT DIVERS TABLEAUX DE COMPARAISON ENTRE LE PRIX DES POIDS ET MESURES ÉTABLIS DANS LE DÉPARTEMENT DEPUIS 1812, ET LE PRIX DES POIDS ET DES MESURES DÉCIMALES MÉTRIQUES. — CALCULS D'INTÉRÊT SIMPLIFIÉS ET RENDUS FACILES POUR TOUT LE MONDE.

Par AUGUSTIN BARNEOND, jeune, ancien commerçant.

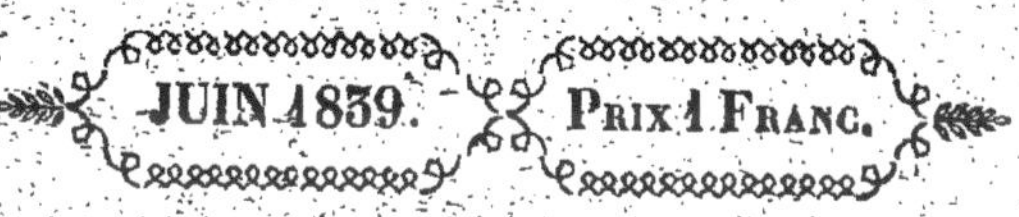

A GAP,
Chez J. ALLIER et FILS, libraires, et chez l'Auteur.

ESSAI

SUR L'APPLICATION DU SYSTÈME DÉCIMAL MÉTRIQUE

DANS LES HAUTES-ALPES.

RAPPORT DES ANCIENS POIDS ET MESURES DES HAUTES-ALPES AVEC LES POIDS ET LES MESURES MÉTRIQUES.

BARRÊME GAPENÇAIS,

CONTENANT DIVERS TABLEAUX DE COMPARAISON ENTRE LE PRIX DES POIDS ET MESURES ÉTABLIS DANS LE DÉPARTEMENT DEPUIS 1812, ET LE PRIX DES POIDS ET DES MESURES DÉCIMALES MÉTRIQUES. — CALCULS D'INTÉRÊT SIMPLIFIÉS ET RENDUS FACILES POUR TOUT LE MONDE.

PAR M. AUGUSTIN BARNEOND, jeune, ancien commerçant.

A GAP,

Chez J. ALLIER et FILS, libraires, et chez l'Auteur.

Avant-Propos.

Etre utile à quelques-uns de mes compatriotes et faire en même temps un petit ouvrage à la portée de toutes les classes, tel est le but que je me suis proposé.

C'est le commerce principalement, sous le harnais duquel j'ai blanchi, que j'ai intention de seconder de tout mon pouvoir, et le temps seul pourra me dire jusqu'à quel point j'ai rempli l'obligation que je me suis imposée envers le public en général.

Les marchands drapiers, toiliers et merciers, trouveront ici un tableau de comparaison entre le prix de l'aune usuelle et le prix du mètre, des 25 centimètres et du décimètre, depuis 50 centimes l'aune jusqu'à 30 francs.

Les épiciers, droguistes, revendeurs et débitans, un tableau de comparaison entre le prix du kilogramme et le prix des poids inférieurs qui se rapprochent le plus des onces usuelles, depuis 30 centimes le kilogramme jusqu'à 8 fr.

Les marchands de grains, les propriétaires et les cultivateurs, des tableaux de comparaison entre le prix de la charge et de l'émine usuelles (double boisseau), de blé et d'avoine, et le prix de l'hectolitre et les mesures inférieures qui représentent le mieux les mesures interdites.

Les propriétaires y trouveront encore le rapport des anciennes mesures agraires de Paris, et des Hautes-Alpes, avec les mesures agraires métriques.

Et enfin plusieurs autres classes de la société pourront y puiser des renseignements utiles sous plusieurs rapports.

Je n'ai fait usage que de rapports pris à bonne source, et je ne dois pas terminer cet Avant-Propos sans remercier ici les personnes qui ont bien voulu m'aider de leurs conseils et de leurs lumières.

J'engagerai ceux de mes concitoyens qui se trouveraient fatigués par le changement et la transition qui s'opère dans les poids et mesures, de vouloir bien réfléchir un instant que ce changement et l'adoption du système décimal métrique seuls nous élèvent au dessus de tous les autres peuples, autant par l'accord parfait et la concordance que ces poids et mesures ont entre eux, que parce que la base de ce système ayant été prise sur la mesure de notre globe, elle est à l'abri et au dessus de toutes les révolutions humaines, et que cette noble pensée appartient exclusivement aux savants de la grande nation[1].

(1) Cette base est le mètre qui forme la dix-millionième partie du quart du méridien terrestre.

ABRÉGÉ DU RAPPORT

De M. Mathieu, membre de la Commission à la Chambre des Députés, chargée de l'examen du projet de loi sur les poids et sur les mesures décimales métriques. Session de 1837.

Il ne suffit pas de prescrire dans la pratique l'emploi des nouveaux instruments des poids et mesures, il faut encore imposer l'obligation d'employer leurs dénominations à l'exclusion de toutes les autres, et user ainsi de l'influence du langage, comme du moyen le plus efficace pour lutter contre l'empire des anciennes habitudes et triompher de l'esprit de routine qui s'attache aux vieilles traditions.

LOI

Du 4 juillet 1837, qui rétablit les poids et les mesures décimales métriques, telles qu'elles avaient été fixées par la loi du 18 germinal an III, à partir du 1er janvier 1840, et qui abroge le décret du 12 février 1812, qui autorisait les poids et les mesures usuelles, ou duodécimales.

ARTICLE PREMIER.

Le décret du 12 février 1812, concernant les poids et mesures, est et demeure abrogé.

Art. 2.

Néanmoins, l'usage des instruments de pesage et de mesurage confectionnés en exécution du décret précité, sera permis jusqu'au 1er janvier 1840.

Art. 3.

A partir du 1er janvier 1840, tous poids et mesures autres que les poids et mesures établis par les lois des 18 germinal an III, et 19 frimaire an VIII, constitutives du système métrique décimal, seront interdits sous les peines portées par l'article 479 du code pénal. (10 francs d'amende).

Art. 4.

Ceux qui auront des poids et mesures autres que les poids et mesures ci-dessus reconnus, dans leurs magasins, boutiques, ateliers ou maisons de commerce, ou dans les halles, foires ou marchés, seront punis comme ceux qui les emploieront, conformément à l'article 479 du code pénal. (10 francs d'amende).

Art. 5.

A compter de la même époque, toutes dénominations de poids et mesures autres que celles portées dans le tableau annexé à la présente loi, et établies par la loi du 18 germinal an III, sont interdites dans les actes publics ainsi que dans les affiches et les annonces.

Elles sont également interdites dans les actes sous seing privé, les registres de commerce et autres écritures privées produits en justice.

Les officiers publics contrevenants seront passibles d'une amende de vingt francs, qui sera recouvrée sur contrainte, comme en matière d'enregistrement.

L'amende sera de dix francs pour les autres contrevenants; elle sera perçue pour chaque acte ou écriture sous signature privée; quant aux registres de commerce, ils ne donneront lieu qu'à une seule amende pour chaque contestation dans laquelle ils seront produits.

Art. 6.

Il est défendu aux juges et arbitres de rendre aucun jugement ou décision en faveur des particuliers, sur des actes registres ou écrits dans lesquels les dénominations interdites par l'article précédent auraient été insérées, avant que les amendes encourues, aux termes dudit article, ayent été payées.

Art. 7.

Les vérificateurs des poids et mesures constateront les contraventions prévues par les lois et réglements concernant le système métrique des poids et mesures.

Ils pourront procéder à la saisie des instruments de pesage et de mesurage dont l'usage est interdit par lesdites lois et réglements.

Leurs procès-verbaux feront foi en justice jusqu'à preuve contraire.

Art. 8.

Une ordonnance royale réglera la manière dont s'effectuera la vérification des poids et mesures.

Fait au Palais des Tuileries, etc.

EXTRAIT

De l'Ordonnance du Roi, du 16 juin 1839, relative au poids et aux mesures métriques.

ARTICLE PREMIER.

A dater du 1er janvier 1840, les instruments de pesage et de mesurage ne seront reçus à la vérification première, qu'autant qu'ils réuniront les conditions d'admission indiquées dans les tableaux annexés à la présente ordonnance.

Art. 2.

Les poids, mesures et instruments de pesage, portant la marque de vérification première, et qui réuniront d'ailleurs les conditions exigées jusqu'ici, seront admis à la vérification périodique.

SAVOIR :

Les mesures décimales de longueur, après qu'on aura fait disparaître les divisions et les noms relatifs aux anciennes dénominations.

Les mesures décimales pour les matières sèches, quelle que soit l'espèce de bois dont elles seront construites ;

Les mesures décimales en étain, quel que soit leur poids ;

Les poids décimaux en fer et en cuivre, quelle que soit leur forme, après qu'on aura fait disparaître l'indication relative aux anciennes dénominations ; et pourvu qu'ils portent sur la surface supérieure les noms qui leur sont propres ;

Les poids décimaux en fer et en cuivre, portant uniquement leurs noms exprimés en myriagrammes, kilogrammes, hectogrammes ou décagrammes.

Enfin les romaines, dont on aura fait disparaître les anciennes divisions et dénominations, pourvu qu'elles soient graduées en divisions décimales et reconnues oscillantes.

Les poids et mesures décimaux placés dans une des catégories qui précèdent, ne pourront être conservés par les assujettis, qu'autant qu'ils auront subi, avant l'époque de la vérification périodique de l'année 1840, les modifications exigées. Ces poids et mesures pourront être rajustés ; mais ils ne devront pas être remontés à neuf.

Art. 3.

Tous les poids et mesures autres que ceux qui sont provisoirement permis par l'article 2 de la présente ordonnance, seront mis hors de service à partir du 1er janvier 1840.

Art. 4.

Il sera déposé dans tous les bureaux de vérification, des modèles ou des dessins des poids et mesures légalement autorisés, pour être communiqués à tous ceux qui voudront en prendre connaissance.

Tableau n° 1.

Les mesures de longueur devront être construites en métal ou en bois, etc.

N° 2.

Mesures de capacité pour les matières sèches.

Hectolitre, demi-hectolitre, double décalitre, décalitre, demi-décalitre, litre, demi-litre, double-décilitre, décilitre, demi-décilitre. Toutes ces mesures seront construites en bois de chêne, tole ou cuivre, leur hauteur sera égale à leur diamêtre, elles seront cylindriques.

N° 3.

Mesures de capacité pour les liquides.

Les mesures des matières sèches désignées au tableau n° 2, serviront de règle pour les liquides, depuis l'hectolitre jusqu'au demi-décalitre ; celles en métal seront étamées.

Les mesures de double-litre et au-dessous, devront être en étain ; elles seront d'une hauteur double de leur diamêtre.

Les mesures pour le lait seulement pourront être en fer-blanc.

N° 4.

Les poids en fer seront : 50 kilogrammes, 20 kilog., 10 kilog., 5 kilog., 2 kilog., 1 kilog., demi-kilog., 5 hecto., 2 hecto., 1 hecto., 1/2 hecto.

N° 5.

Les poids en cuivre seront, 20, 10, 5, 2 et 1 kilog., 500, 200, 100, 50, 20, 10, 5, 2 et 1 grammes, 5, 2 et 1 décigrammes, 5, 2 et 1 centigrammes, 5, 2 et 1 milligrammes.

Les poids depuis les 5 décigrammes jusqu'au milligramme, se feront avec des feuilles de laiton minces coupées carrément.

N° 6.

Les instruments de pesage sont : 1° Les balances à bras égaux ; 2° les balances à bascule ; 3° les romaines.

Les romaines devront être oscillantes, leur sensibilité est fixée à 1/500e du poids d'une portée ; elles porteront seulement des divisions décimales représentant les poids légaux, toute autre division est interdite.

SYSTÈME DÉCIMAL MÉTRIQUE ;

SON ORIGINE EN FRANCE ET SON PEU DE PROGRÈS.

Le système décimal métrique, inventé en 1793, et établi par la loi du 18 germinal an III, dut le jour au génie de ces hommes rares dont le savoir est capable d'exécuter des choses sublimes.

Ce système fut tellement dénaturé en 1812, par les poids et les mesures usuelles, qu'aujourd'hui il nous en resterait à peine le souvenir, si la loi du 4 juillet 1837, qui le remet en vigueur, à partir du 1er janvier 1840, ne l'eût rétabli tel qu'il était dans son origine.

Donner les principales notions de ce système, expliquer comment la dix-millionième partie du quart du méridien terrestre est devenue le type et la base de tous les poids, mesures et monnaies de la France, faire connaître l'accord parfait que tous ont entr'eux, c'est ce que je tâcherai de faire avec clarté et précision, sans m'écarter de la loi qui l'avait établi.

Le mètre (tiré du mot grec *metros*), signifie mesure, il correspond à 3 pieds 11 lignes $\frac{296}{1000}$.

C'est ce mètre qui est devenu la base de tous les poids et de toutes les mesures décimales comme on en jugera par les explications suivantes puisées dans la loi du 18 germinal an III.

NOMS SYSTÉMATIQUES ET LEUR VALEUR.

Mesures de longueur.

Myria	mètre,	10,000 mètres, 2 lieues de poste.
Kilo	mètre,	1,000 mètres.
Hecto	mètre,	100 mètres.
Deca	mètre,	10 mètres.
Mètre	Unité fondamentale des poids et mesures[1].	
Déci	mètre,	dixième du mètre.
Centi	mètre,	centième du mètre.
Milli	mètre,	millième du mètre.

1 Dix-millionième partie du quart du méridien terrestre.

Mesures agraires.

Hectare	100 ares, ou 10,000 mètres carrés.
Are	100 mètres carrés, carré de 10 mètres de côté.
Centiare	centième de l'are ou mètre carré.

Mesures de capacité pour les liquides et les matières séches.

Kilo	litre,	contenance de 1,000 litres.
Hecto	litre,	100 litres.
Deca	litre,	10 litres.
Litre	Unité,	décimètre cube.
Déci	litre,	dixième de litre.

Mesures de solidité.

Deca	stère	10 stères.
Stère		mètre cube.
Deci	stère	dixième de stère.

Poids.

1,000 kilogrammes, poids du mètre cube d'eau, et du tonneau de mer.

100 kilogrammes, quintal métrique.

Kilo	gramme,	1,000 grammes, poids dans le vide d'un décimètre cube d'eau distillée.
Hecto	gramme,	100 grammes.
Deca	gramme,	10 grammes.
Gramme,	Unité,	poids d'un centim^tre cube d'eau.
Deci	gramme,	dixième de gramme.
Centi	gramme,	centième de gramme.
Milli	gramme,	millième de gramme.

Monnaie.

Franc, Unité, cinq grammes d'argent au titre de neuf-dixièmes de fin.
Décime, dixième de franc, 20 grammes de cuivre.
Centime, centième de franc, 2 grammes id.

Les mots myria, kilo, hecto et déca, sont tirés du grec, ils s'ajoutent à toutes les unités, et signifient : myria dix mille.
Kilo mille.
Hecto cent.
Déca dix.

OBSERVATION

SUR LE CALCUL DÉCIMAL CI-APRÈS.

Je ne donnerai point ici les premières notions du calcul en général, parce que je suppose que la majorité de mes lecteurs les connaissent, et que dans ce cas ces détails fastidieux les fatigueraient.

Le système duodécimal établi en 1812, nous avait tellement remis à l'usage et à la manière de compter et diviser les anciens poids par livres, onces, gros, deniers, etc; les mesures par demi, tiers, quart, sixièmes, huitièmes, etc., que j'ai rencontré plusieurs personnes qui connaissaient passablement tous les calculs anciens, n'ayant que des notions vagues ou très imparfaites du calcul décimal.

La connaissance de ce calcul étant indispensable pour faire à propos l'application du système décimal métrique, j'ai pensé qu'il ne serait pas déplacé d'en donner ici un abrégé succinct, contenant, en peu de mots, ce qu'il est essentiel de bien connaître.

ABRÉGÉ SUCCINCT DU CALCUL DÉCIMAL.

Ce calcul est appelé décimal par la raison que l'on divise ou partage toujours l'entier en 10 parties égales, et ces 10 parties en 10 autres parties égales, ainsi de suite de décimale en décimale, à l'infini.

L'entier étant divisé en 10, 100, 1000. 10,000 parties égales, ces nombres sont donc les dénominateurs de ces fractions.

Ces dénominateurs ne s'écrivent jamais, on se contente d'écrire les numérateurs à côté des entiers, que l'on sépare avec une virgule, et lorsque l'on n'a point d'entiers, on met un zéro pour en tenir la place.

Exemple.

5,8. 0,70. 17,396, signifient 5 entiers et 8 dixièmes ; 0 entiers et 70 centièmes ; et 17 entiers et 396 millièmes.

Si on était embarassé pour connaître le dénominateur d'une fraction décimale quelconque on poserait l'unité 1 et on y ajouterait autant de zéros qu'il y a de chiffres au numérateur.

D'après ce principe sur et simple, si on veut savoir si les 396 ci-dessus sont des 1000e ou autre chose, je pose 1, j'écris à la suite trois zéros pour les trois chiffres que contiennent 396, ce qui me donne 1000. Donc 1000 est le dénominateur de la fraction décimale 0,396.

Un autre principe que l'on fera bien de suivre dans tous les calculs décimaux généralement pour éviter de faire des erreurs d'une décimale à l'autre, ce qui peut arriver souvent, principe que l'expérience m'a suggéré et dont je n'ai trouvé de traces nulle part, c'est d'élever ou réduire toutes les fractions des nombres qu'on veut calculer à un seul et même dénominateur, en ajoutant des zéros à celles qui en ont besoin.

ADDITION DÉCIMALE.

On veut additionner les trois nombres ci-dessus 5,8. 0,70. 17,396. Je fais l'application du principe que je viens d'établir et je pose ma règle ainsi qu'il suit :

Opération.

Règle de droite à gauche.	*Preuve* de gauche à droite.
5,800	1 .
0,700	12 .
17,396	18 .
23,896	9 .
	6 .
	23,896

Le résultat de mon opération me donne 23 entiers et 896 millièmes.

On remaque facilement que j'ai opéré comme si je n'avais pas eu de fractions, et c'est toujours ainsi que l'on doit faire dans tous les calculs décimaux soit qu'on additionne, soustraie, ou multiplie ou divise; mais l'opération faite il faut distinguer ce qui est entier et ce qui est fraction. On voit par l'exemple qui précède, que j'avais trois chiffres aux fractions et que j'en ai séparé la même quantité à mon résultat.

Il serait inutile pour la généralité de mes lecteurs d'expliquer la manière dont doit se faire une addition de gauche à droite; mais cette explication peut devenir nécessaire pour celui qui n'aurait que des notions imparfaites du calcul. On observera dans ce cas que j'ai commencé par le chiffre le plus éloigné à gauche qui est 1, que j'ai posé avec un point pour marquer la colonne où doit se trouver le dernier chiffre de la colonne suivante que j'ai à additionner. Cette seconde colonne me donnant 12, je les pose au-dessous de 1, en ayant la précaution de dévancer d'un chiffre et de poser le 2 sous le point qui est à côté de 1, et ainsi de suite jusqu'à la fin, où ayant ensuite additionné tous ces nombres isolés, à la manière ordinaire j'ai obtenu le même résultat.

Autre Exemple.

Un marchand a acheté 5 pièces de toile.

Règle.		*Preuve.*
La 1re contient	19,45	12.
La 2e —	20,27	18.
La 3e —	17,03	16.
La 4e —	52,95	22
La 5e —	30,12	139,82
Total.	139,82	

Réponse, les 5 pièces de toile contiennent 139 mètres $\frac{82}{100}$.

SOUSTRACTION DÉCIMALE.

La soustraction décimale se fait en arrangeant les quantités données, de la même manière que pour l'addition et on opère toujours comme sur les entiers.

1er *Exemple.*		2e *Exemple.*	
De francs	461,00	De mètres	657,07.
ôter	90,47	ôter	263,19
Reste	370,53	Reste	393,88
	461,00		657,07

On sait généralement que pour faire la preuve de la soustraction, il faut additionner la somme à ôter avec celle qu'on a obtenue pour reste, et que ces deux nombres réunis doivent faire le premier.

MULTIPLICATION.

Pour faire la multiplication décimale, on pose les deux nombres ou facteurs l'un dessous l'autre, en séparant seulement les fractions par une virgule; mais l'opération faite, il faut retrancher du produit autant de chiffres qu'il y en a dans les fractions de chacun des deux facteurs.

QUESTION.

On demande combien montent 7 mètres 09 cent. de drap à fr. 20,30 c. le mètre.

Opération.

Règle.		*Preuve.*	
	7,09		14,18
à fr.	20,30	à fr.	10,15
	2,1270		7090
	141,80..		1,418.
	143,9270		141,80..
			143,9270

Le résultat donne 143 fr. et 92 cent.

Je ne parle pas des 70 millièmes de franc, parce que cela est entièrement inutile dans la pratique.

DIVISION.

La division décimale suit les mêmes principes que les règles précédentes, en ce qui concerne la réduction des fractions à un seul et même dénominateur, tant pour le dividende que pour le diviseur.

L'opération se fait aussi comme si on n'avait point de fractions et son résultat ou quotient donne des entiers, telles que soient les décimales qu'on a ajoutées à chacun des deux facteurs. Si on a un reste on le multiplie par 100, ou on y ajoute deux zéros, ce qui est la même chose. On continue ensuite la division et ce qu'on obtient de ce reste donne des centièmes. On abandonne le 2e reste, parce qu'il devient insignifiant.

QUESTIONS.

On a une somme de fr. 196,60 à partager en 25 personnes.

Opération.

Règle.			*Preuve.*
196,60	25,00		7,86
Reste 21,60	7,86		25,00
100			393,000
216,000			1572 ...
16,000		2e reste	1,000
2e reste 1,000 abandonné.			196,60,00

Réponse il revient fr. 7,86, à chacun.

Un négociant a acheté en bloc 359 m. 55 c. de drap ; il a payé en tout fr. 2,500, on demande à combien ce drap lui revient le mètre ?

Opération.

	2500,00	359,55
1er reste	342,70,00	6,95
	1910,50	
2e reste	112,75	

Preuve.

	359,55
	6,95
	17,9775
	323,595.
	2157,30..
2e reste	1,1275
	2500,0000

On voit que dans les facteurs des preuves de la division par la multiplication, j'avais 2 chiffres à chacun de ces deux facteurs, ce qui m'a obligé d'en retrancher quatre après mon opération.

RAPPORT

De quelques poids et de quelques mesures anciennes et usuelles de Paris et des Hautes-Alpes et les poids et mesures métriques.

Observations.

Si chaque province de la France, chaque département, ou au moins chaque arrondissement avaient eu des poids et des mesures uniformes, on pourrait espérer de les comparer tous aux poids et aux mesures métriques ; mais presque chaque ville et chaque village un peu important avait les siens.

Gap pesait d'une façon, Serres d'une autre, Saint-Bonnet et Veynes d'une autre et Briançon d'une autre.

Veynes et Saint-Bonnet qui pesaient de même, mesuraient différemment ; le blé se mesurait au quartal et au setier à Saint-Bonnet, tandis qu'à Veynes on le mesurait à la charge de 5 émines.

Gap, chef-lieu, et à peu de distance de ces deux bourgs, pesait et mesurait d'une manière différente ; mais depuis plus de 30 ans, les mesures duodécimales ou usuelles ayant remplacé les anciennes dans tout le département, aujourd'hui ces poids et mesures anciens, se trouvent frappés de cette prescription trentenaire et il devient un peu moins utile de les connaître.

MESURES DE LONGUEUR

De Paris et des Hautes-Alpes, comparées aux mesures métriques.

	mètres
100 toises royales de Paris faisaient	194,904
100 cannes d'Aix, mesure des toiles écrues à Gap, (de 8 pans chaque.)	198, 87
100 aunes de Paris (aune marchande dans les Alpes, divisée en 5 pans).	118, 40
100 aunes de Cap, (divisée en 5 pans)	121,080
100 id. d'Embrun, id.	125, ...
100 id de Serres, id.	129, 90

A Gap et dans les Hautes-Alpes on se servait aussi de la toise royale.

MESURES ITINÉRAIRES.

1 lieue, 2800 toises (long. moyenne). 5457,000

MESURES AGRAIRES GÉNÉRALES

Usitées dans les Hautes-Alpes.

MESURES ANCIENNES.	MÈTRES.	FRACTIONS.
Toise royale carrée.	3	7,987
Toise dite d'Embrun. *id.*	4	00,40
Toise Delphinale. . *id.*	4	18,64
Bâton de Briançon. *id.*	4	80,49

MESURES AGRAIRES LOCALES.

OBSERVATION.

Les renseignements très munitieux que j'ai pris sur les mesures agraires locales du département me permettent d'affirmer qu'il est impossible aujourd'hui de désigner exactement celles de toutes les communes. Je ne les donnerai donc que jusqu'à un certain point.

Dèjà en 1802, (thermidor an 10.) M. Martin, oncle, professeur de mathématiques, chargé de les chercher par ordre du préfet d'alors, fut obligé d'y renoncer faute de renseignements suffisants, et il n'en mit aucune dans son Traité des Poids et Mesures des Hautes-Alpes.

Je distingue, comme on le voit, les Mesures agraires en deux classes, en mesures générales et en mesures locales, les premières étaient généralement connues, quant au dernières je n'ai rien trouvé d'imprimé nulle part.

ARRONDISSEMENT DE GAP.

EXTRAIT DU CADASTRE DE 11 COMMUNES, FAIT EN 1753.

Communauté de Gap.	TOISES carrées.	MÈTRES.
Charge, 6 éminées, toise dite d'Embrun.	1050	4204
Faucheur, 5 éminées *id.*	875	3503,5
Pour. *id.*	300	1201
Communauté de Chorges.		
Charge, 8 éminées. (labours.) toises d'Embrun.	1600	6400
Fosserée, (vignes.) *id.*	100	400,40
Communauté d'Eyguyans.		
Fossérée, (vignes) toises royales.	100	379,87
Septérée, (labours) *id.*	800	3039

Communautés de Ventavon et de Lazert.

			TOISES.	MÈTRES.
Charge de 6 émines	(labour)	toises roy[les].	1500	5698
Fosserée,	(pré)	*id.*	800	3039

Monnêtier d'Allemont.

Charge de 6 éminées,	toises royales.	1500	5698
Fosserées,	*id.*	100	379,87

Le Poët.

Journée,	(labour)	toises royales.	500	1899,35
Fosserée,	(vigne)	*id.*	100	379,87

Upaix.

La mesure,	(pas de nom) toises royales.	1000	3798,70

Communauté de Monteglin

Charge (1re classe)	toise royales.	1600	6077,92
Charge (2me classe)	*id.*	1800	6837,66
Charge (3me classe)	*id.*	2000	7597,40
Charge (4me classe)	*id.*	2200	8357,14

Laragne et Arzeliers.

Charge (1re classe)	toises royales.	2000	7597,40
Charge (2me classe)	*id.*	2500	9496,75
Charge (3me classe)	*id.*	3000	11395,10
Fosserées (vignes)	*id.*	100	379,87

A Montéglin, Laragne et Arzeliers le prix des terres se faisait à tant la toise royale carrée, il se fait aujourd'hui à tant les 4 mètres carrés.

2

Renseiguements pris auprès de MM. les Avocats, Notaires, Contrôleurs des contributions directes, et autres personnes éclairées du département.

Veynes, La Saulce, Lardier, Pelleautier, Manteyer et La Roche-des-Arnauds.

	TOISES.	MÈTRES.
Eminée, (5 à la charge). toises royales.	200	759,75
Montmorin.		
Eminée, toises Delphinales.	200	837,28
Tallard.		
Eminée, toises royales.	150	569,80
Pour (vignes) *id.*	300	1139,61
Lettret.		
Eminée, toises royales.	176	665
Pour (vignes) *id.*	350	1329,64
Remollon.		
Fosserée, toises Delphinales	81	339,10
Théus.		
Fosserée, toises Delphinales.	100	418,64
Serres.		
Septérée, toises d'Embrun.	800	5205,20
Rosans.		
Eminée. toises royales.	300	1140
Montrond.		
Toise Delphinale (MESURE UNIQUE.)	14	1864

Ribiers.

	TOISES.	MÈTRES.
Journée, toises royales.	600	2279
Eminée. *id.*	50	190

Saint-Bonnet, Lafare, Le Noyer, Guillaume-Peyrouse, La Chapelle.

Septérée, toise Delphinales.	400	1675

Saint-Firmin, Saint-Jacques.

Septérée, toises Delphinales.	520	2177

CANTON DU DÉVOLUI.

St.-Etienne, St-Didier, La Cluse et Agnières.

Septérée (1re classe) toises royales.	400	1519
Septérée (2me classe *id.*	900	3419

ARRONDISSEMENT D'EMBRUN.

Embrun.

Fossérée, toises dites d'Embrun.	100	400,40
Eminée, *id.*	128	512

Guillestre et Rizoul.

Eminée, toises Delphinales.	150	628

Saint-Crépin, Eygliers, Freissinières.

Eminée toises Delphinales.	200	857,28
Fossérée *id.*	100	418,64

Saint-Clément et Réotier.

Charge 8 éminées, toises Delphinales.	1280	5359
Eminée 8 civayers *id.*	160	670
Fossérée 4 *id.* *id.*	80	335

Champsclar.

	TOISES.	MÈTRES.
Charge 8 éminées, toises Delphinales.	1536	6430
Eminée 8 civayers *id.*	192	804

Canton d'Orcières.

Septérée (tout le canton) toises Delph.les	400	1675

ARRONDISSEMENT DE BRIANÇON.

Briançon.

Septérée toises Delphinales.	420	1758

CANTON DE L'ARGENTIÈRE.

L'Argentière, Saint-Martin, La Pisse, Puy-Saint-Vincent, La Roche, Vallouise, Les Vignaux.

Septérée (16 civayers de 23 toises Delphinales chaque).	368	1540,60

Cette septérée se divise encore en 259 Bâtons de 7 pieds 7 pouces 7 lignes chaque. (Toujours toise Delphinale.)

MESURES DE SOLIDITÉ DANS LES ALPES.

Les mesures de solidité étaient le pied de roi et la toise royale de Paris.

	mètres cubes ou stères.
100 pieds de roi cubes faisaient	3,42773
100 toises royales cubes,	740,3887

MESURES POUR LES BOIS DE CHAUFFAGE.

	mètres cubes ou stères.
100 toises de bois dont la buche est de 3 pieds de longueur, faisaient,	370,19

Cette toise faisait 108 pieds de roi cubes ou 1/2 toise cube.

	mètres cubes ou stères.
100 toises de bois dont la buche est de 3 pieds et demi de longueur faisaient	431,89

Cette toise faisait 126 pieds cubes ou 7[12 de toise cube.

MESURES DE CAPACITÉ POUR LES MATIÈRES SÈCHES.

COMMUNE DE GAP.

	litres.
6 émines ou une charge pour le blé faisaient,	144,
6 émines ou une charge pour l'avoine.	255,20

COMMUNE DE SAINT-BONNET.

4 quartaux ou 1 setier pour le blé,	64,00
4 id id. pour l'avoine,	94,10

COMMUNE DE VEYNES.

5 émines ou une charge pour le blé,	150,00
5 id. id. pour l'avoine,	225,00

COMMUNE DE SERRES.

5 émines ou une charge de blé et autres grains.	129,70

COMMUNE D'EMBRUN.

8 émines ou une charge de blé et autres grains,	160,00

COMMUNE DE BRIANÇON.

4 quarterées ou 1 setier de blé ou autres grains.	58,00

litres

A Gap, la chaux et le plâtre se vendent à la mesure.

1 benne de chaux faisait, 49,00
1 émine de plâtre, (celle du blé), 24,00

Depuis trente ans toutes ces mesures diverses ont été remplacées par

1° le double boisseau[1], 25 litres.
2° le double décalitre, 20

MESURES DE CAPACITÉ POUR LES LIQUIDES.

COMMUNE DE GAP.

litres.

La charge de 72 pots pour le vin faisait 98,58
3 mesures ou livres pour l'huile, 2
10 de ces mesures pesaient 6 kilogrammes.

COMMUNE DE SAINT-BONNET.

La charge de 48 pots pour le vin, 87,63

COMMUNES DE VEYNES ET SERRES.

La charge de 32 pots ou 2 coupes ou barreaux, pour le vin, 58,42

COMMUNE D'EMBRUN.

La charge de 64 pots pour le vin, 79,47

COMMUNE DE BRIANÇON.

La charge de 64 pots pour le vin, 98,68

Depuis 30 ans et plus, toutes ces mesures pour le vin ont également été remplacées par l'hectolitre et le double boisseau de 25 litres.

POIDS.

RAPPORT

du poids de marc, de l'ancien poids de Marseille et des différents poids des Hautes-Alpes, aux poids métriques.

	Kilogrammes.
100 livres poids de marc faisaient,	48,95.
100 livres poids de Marseille,	41,80.
100 livres poids de ville de Gap,	42,565
100 livres poids de table id.	39,156
100 livres poids d'Embrun, Serres Saint-Bonnet et Veynes,	44,144
100 livres, poids de Briançon,	41,63.

Les poids de marc et de Marseille étaient quelquefois en usage à Gap.

Depuis 1812, le kilogramme, et la livre usuelle, (500 grammes divisés en 16 onces), ont remplacé cette confusion de poids anciens dans les Hautes-Alpes.

BARRÊME GAPENÇAIS.

TABLEAU N° 1.

A L'USAGE DES MARCHANDS DRAPIERS, TOILIERS ET MERCIERS.

Rapport du prix de l'Aune usuelle au prix du mètre, des 25 centimètres et du décimètre.

PRIX DE L'AUNE. (120 centimètres)	PRIX DU MÈTRE. (100 centimètres.)	PRIX des 25 centimètres.	PRIX du DÉCIMÈTRE.
à f. 0, 50 c.	f. 0, 42	f. 0, 11	f. 0, 04 c.
0, 75	0, 63	0, 16	0, 06
1, »	0, 83	0, 21	0, 09
1, 25	0, 04	0, 26	0, 11
1, 50	1, 25	0, 31	0, 13
1, 60	1, 33	0, 33	0, 14
1, 70	1, 42	0, 36	0, 15
1, 80	1, 50	0, 38	0, 15
1, 90	1, 59	0, 40	0, 16
2, »	1, 67	0, 42	0, 17
2, 25	1, 88	0, 47	0, 19
2, 50	2, 09	0, 52	0, 21
2, 75	2, 30	0, 58	0, 23
3, »	2, 50	0, 63	0, 25
3, 50	2, 92	0, 73	0, 30
4, »	3, 34	0, 83	0, 33
4, 50	3, 75	0, 94	0, 38

Toutes les fractions de 1\2 centime sont comptées pour un centime, on remarquera qu'il est défendu d'écrire pan ; il faut écrire 25 centimètres pour éviter l'amende en cas de contestation en justice.

SUITE DU N.° 1.

PRIX DE L'AUNE. (120 centimètres.)	PRIX DU MÈTRE. 100 centimètres.	PRIX des 25 centimètres.	PRIX du DÉCIMÈTRE.
f. 5, » c.	f. 4, 18 c.	f. 1, 05 c.	f. 0, 42 c.
5, 50	4, 59	1, 15	0, 46
6, »	5, »	1, 25	0, 50
6, 50	5, 42	1, 36	0, 55
7, »	5, 84	1, 46	0, 59
7, 50	5, 25	1, 56	0, 63
8, »	6, 67	1, 68	0, 67
8, 50	6, 09	1, 77	0, 71
9, »	7, 50	1, 88	0, 75
9, 50	7, 92	1, 98	0, 80
10, »	8, 34	2, 09	0, 84
12, »	10, »	2, 50	1, »
14, »	11, 67	2, 92	1, 17
16, »	13, 34	3, 34	1, 35
18, »	15, »	3, 75	1, 50
20, »	16, 67	4, 17	1, 67
22, »	18, 34	4, 60	1, 85
24, »	20, »	5, »	2, »
26, »	21, 67	5, 42	2, 17
28, »	23, 34	5, 84	2, 35
30, »	25, »	6, 25	2, 50

TABLEAU N° 2.

Mesures de Blé dans les Hautes-Alpes en général, depuis 1812, à l'usage des marchands de grains; des propriétaires et des cultivateurs.

PRIX de la CHARGES. 150 litres.	PRIX de L'ÉMINE. 25 litres. Double boisseau	PRIX de L'HECTOLITRE. 100 litres	PRIX du double DÉCALITRE. 20 litres.	PRIX du DÉCALITRE. 10 litres.	PRIX du LITRE.
f. c.	f. c.	f. c.	f. c.	f. c.	f. c.
20, »	3, 34	13, 34	2, 67	1, 34	0, 13 5
21, »	3, 56	14, »	2, 80	1, 40	0, 14 »
22, »	3, 68	14, 67	2, 94	1, 47	0, 14 5
23, »	3, 84	15, 34	3, 07	1, 54	0, 15 »
24, »	4, »	16, »	3, 20	1, 60	0, 16 »
25, »	4, 17	16, 67	3, 34	1, 67	0, 16 5
26, »	4, 34	17, 34	3, 47	1, 74	0, 17 »
27, »	4, 50	18, »	3, 60	1, 80	0, 18 »
28, »	4, 57	18, 67	3, 74	1, 87	0, 19 »
29, »	4, 84	19, 34	3, 87	1, 94	0, 19 5
30, »	5, »	20, »	4, »	2, »	0, 20 »
31, »	5, 17	20, 66	4, 13	2, 07	0, 21 »
32, »	5, 33	21, 33	4, 27	2, 14	0, 22 »
33, »	5, 55	22, »	4, 40	2, 20	0, 22 »
34, »	5, 67	22, 66	4, 53	2, 27	0, 23 »

Les communes du département qui ont une charge différente, se servent du double boisseau (25 litres) ou du double décalitre.

SUITE DU N.° 2.

PRIX de la CHARGES. 150 litres	PRIX de L'ÉMINE. 25 litres. double boisseau	PRIX de L'ECTO-LITRE. 100 litres	PRIX du double DÉCALI-TRE. 20 litres.	PRIX du DÉCALI-TRE. 10 litres.	PRIX du LITRE.
f. c.	f. c.	f. c.	f. c.	f. c.	f. c. m.
35, »	5, 83	23, 33	4, 68	2, 34	0, 24 »
36, »	6, »	24, »	4, 80	2, 40	0, 24 »
37, »	6, 17	24, 66	4, 93	2, 47	0, 25 »
38, »	6, 33	25, 33	5, 07	2, 54	0, 26 »
39, »	6, 50	26, »	5. 20	2, 60	0, 26 5
40, »	6, 67	26, 66	5, 33	2, 67	0, 27 »
41, »	6, 84	27, 34	5, 46	2, 74	0, 27 5
42. »	7, »	28, »	5, 60	2, 80	0, 28 »
43, »	7, 17	28, 67	5, 74	2. 87	0, 28 5
44, »	7, 33	29, 34	5, 86	2, 94	0, 29 »
45, »	7, 50	30, »	6, »	3, »	0, 30 »
46, »	7, 67	30, 67	6, 14	3, 07	0, 31 »
47, »	7, 84	31, 34	6, 27	3, 14	0, 31 5
48, »	8, »	32, »	6, 40	3, 20	0, 32 5

Je n'élève point ces rapports au-delà de 8 francs l'émine de blé, dans l'espérance que ce grain précieux, ne dépassera plus de longtemps ce prix dans notre département.

TABLEAU N° 3.

Rapport du Prix des mesures actuelles de l'Avoine, à Gap, au prix des mesures métriques.

PRIX de la CHARGE. 240 litres	PRIX de L'ÉMINE. 40 litres.	PRIX de L'HECTOLITRE. 100 litres	PRIX du double DÉCALITRE. 20 litres.	PRIX du DÉCALITRE. 10 litres.	PRIX du LITRE.
f. c.	f. c.	f. c.	f. c.	f. c.	f. c.
15, »	2, 50	6, 25	1, 25	0, 62 5	0, 06 »
16, »	2, 67	6, 67	1, 33	0, 66 5	0, 06 5
17, »	2, 83	7, 08	1, 42	0, 71 »	0, 07 »
18, »	3, »	7, 50	1, 50	0, 75 »	0, 07 5
19, »	3, 17	7, 92	1, 58	0, 79 »	0, 08 »
20, »	3, 33	8, 32	1, 66	0, 83 »	0, 08 5
21, »	3, 50	8, 75	1, 75	0, 87 5	0, 09 »
22, »	3, 66	9, 15	1, 83	0, 92 »	0, 09 5
23, »	3, 83	9, 57	1, 91	0, 95 »	0, 10 »
24, »	4, »	10, »	2, »	1, » »	0, 10 »
25, »	4, 17	10, 42	1, 05	1, 05 »	0, 10 5

Il y des communes dans les Hautes-Alpes qui mesurent l'avoine au double décalitre, il en est d'autres qui se servent du double boisseau ou émine de 25 litres.

Ce tableau pourra également leur être utile, en ce que, les unes y trouveront le prix du double décalitre comparé à celui de l'hectolitre et des mesures inférieures, et que les autres, pour avoir tous les renseignements dont elles peuvent avoir besoin, n'ont qu'à prendre le quart du prix de l'hectolitre pour connaître celui de leur émine ou double boisseau de 25 litres.

TABLEAU N° 4.

Poids Métriques à l'usage des épiciers, droguistes débitants et revendeurs

---

Rapport approximatif du poids métrique au poids usuel et du prix exact du kilogramme aux poids inférieurs autorisés.

PRIX du KILOG^{me} 2 livres usuelles.	LES 5 HECTO-GRAMMES 500 gram^{mes} (livre usuelle). Reviennent à	L'HECTO-GRAMME 100 gram^{mes} (3 onces environ). Revient à	LE DEMI HECTOG.^{e} 50 gram^{mes} (1 once 1/2 environ). Revient à	LES 25 GRAMMES. (3/4 d'once envir.) Reviennent à	LE DÉCA-GRAMME. 10 gram^{mes} (1/3 d'once envir.) Revient à
f. c.	f. c.	f. c.	f. c. m.	f. c.	f. c.
0, 30	0, 15	0, 03	0, » »	0, » »	0, » »
0, 40	0, 20	0, 04	0, 04 »	0, » »	0, » »
0, 50	0, 25	0, 05	0, 02 5	0, » »	0, » »
0, 60	0, 30	0, 06	0, 03 »	0, » »	0, » »
0, 70	0, 35	0, 07	0, 03 5	0, » »	0, » »
0, 80	0, 40	0, 08	0, 04 5	0, » »	0, » »
0, 90	0, 45	0, 09	0, 05 »	0, 02 5	0, » »
1, »	0, 50	0, 10	0, 05 »	0, 02 5	0, » »
1, 20	0, 60	0, 12	0, 06 »	0, 03 »	0, » »
1, 40	0, 70	0, 14	0, 07 »	0, 03 5	0, » »
1, 60	0, 80	0, 16	0, 08 »	0, 04 »	0, » »
1, 80	0, 90	0, 18	0, 09 »	0, 04 5	0, » »
2, »	1, »	0, 20	0, 10 »	0, 05 »	0, 1 »

SUITE DU N° 4.

PRIX du KILOG^{me} 2 livres usuelles.	LES 5 HECTO-GRAMMES 500 gram^{mes} (livre usuelle). Reviennent à	L'HECTO-GRAMME 100 gram^{mes} (3 onces environ). Revient à	LE DEMI-HECTOG.^{e} 50 gram^{mes} (1 once 1/2 environ). Revient à	LES 25 GRAMMES. (3/4 d'once envir.) Reviennent à	LE DÉCA-GRAMME. 10 gram^{mes} (1/3 d'once envir.) Revient à
f. c.	f. c.	f. c.	f. c.	f. c.	f. c.
2, 50	1, 25	0, 25	0, 12 5	0, 06 »	0, 02 5
3, »	1, 50	0, 30	0, 15 »	0, 07 50	0, 03 »
3, 50	1, 75	0, 35	0, 17 5	0, 09 »	0, 03 5
4, »	2, »	0, 40	0, 20 »	0, 10 »	0, 04 »
4, 50	2, 25	0, 45	0, 22 5	0, 11 »	0, 04 5
5, »	2, 50	0, 50	0, 25 »	0, 12 50	0, 05 »
6, »	3, »	0, 60	0, 30 »	0, 15 »	0, 06 »
8, »	4, »	0, 80	0, 40 »	0, 20 »	0, 08 »

On remarquera que ce n'est que pour renseignements que je dis que l'Hectogramme fait 3 onces, le 1/2 Hectogramme, 1 once 1/2 etc.; car ces rapport ne sont qu'approximatifs; ils fixeront seulement le vendeur et l'acheteur sur la quantité d'onces approximative qu'on donnera pour 05, 10, 15, 20 centimes, en donnant 1 hectogramme de marchandises ou un poids inférieurs.

Pour la commodité du public et des débitants de tabac, j'ai ajouté à ce tableau une colonne de 25 grammes, ce poids pourra se composer au besoin, du double décagramme (20 grammes), et du 1/2 décagramme (5 grammes.)

TABLEAU N.° 5.

Matières précieuses à l'usage des Orfèvres, Bijoutiers et Marchands de matières d'Or et d'Argent.

Rapport du prix de l'once d'argent au prix du kilogramme et des poids métriques inférieurs, depuis 4 francs qui représentent le titre le plus bas jusqu'à 7 francs.

CE RAPPORT EST BASÉ SUR 35 KILOG^{mes} POUR 143 MARCS.

PRIX de L'ONCE MARC.	PRIX du KILO-GRAMME.	PRIX de L'HECTO-GRAMME. 100 grammes.	PRIX du DÉCA-GRAME. 10 grammes.	PRIX du GRAMME.
f. c.	f. c.	f. c.	f. c.	f. c.
4, »	130, 74	13, 07	1, 31	0, 13
4, 50	147, 09	14, 71	1, 48	0, 15
5, »	163, 43	16, 33	2, 63	0, 17
5, 50	179, 77	18, »	1, 80	0, 18
6, »	196, 12	19, 61	2, »	0, 20
6, 25	204, 29	20, 43	2, 05	0, 21
6, 50	212, 46	21, 25	2, 13	0, 22
6, 75	220, 63	22, 07	2, 21	2, 23
7, »	228, 80	22, 88	2, 30	0, 24

OBSERVATION SUR LES BIJOUTERIES EN OR.

Une décision ministérielle du 13 novembre 1823, porte que le prix des médailles en or, est évalué à raison de 3600 francs le kilogramme, au titre de 916. D'après ce rapport, l'or,

à 898, revient à f. 3529 26 c. le kilog^{e}
à 900 3537 12.
à 1000 millièmes 3930 13.

TABLEAU N.° 6.

Suite des Matières précieuses. — Rapport du prix du denier d'or au prix du kilogramme et des poids métriques inférieurs, depuis 75 centimes le denier jusqu'à 5 francs.

PRIX du DENIER D'OR MARC.	PRIX du KILOGR^{me}	PRIX de L'HECTO-GRAMME. 100 Grammes.	PRIX de DÉCA-GRAMME. 10 Grammes.	PRIX du GRAMME.	PRIX du DÉCI-GRAMME
f. c.	f. c.	f. c.	f. c.	f. c.	f. c.
0, 75	588, 34	58, 84	5, 90	0, 60	0, 06
1, »	784, 45	78, 45	7, 85	0, 80	0, 08
1, 50	1176, 68	117, 67	11, 77	1, 18	0, 12
1, 75	1372, 80	137, 28	13, 73	1, 38	0, 14
2, »	1568, 91	156, 90	15, 70	1, 57	0, 16
2, 25	1765, 02	176, 50	17, 65	1, 77	0, 18
2, 50	1961, 13	196, 12	19, 61	1, 76	0, 20
2, 75	2157, 25	215, 63	21, 58	2, 16	0, 22
3, »	2353, 37	235, 35	23, 55	2, 35	0, 24
3, 25	2549, 48	254, 95	25, 50	2, 55	0, 26
3, 50	2745, 60	274, 56	27, 46	2, 75	0, 28
4, »	3137, 82	313, 78	31, 38	3, 14	0, 32
4, 25	3333, 93	333, 40	23, 34	3, 34	0, 34
4, 50	3530, 05	333, »	35, 30	3, 53	0, 36
4, 75	3726, 15	372, 62	37, 26	3, 73	0, 38
5, »	3922, 26	392, 23	39, 23	3, 93	0, 40

TABLEAU N.° 7.

Poids médicinaux à l'usage des Médecins, Chirurgiens et Pharmaciens.

Rapport du poids métrique, au poids usuel en usage dans la médecine depuis 1818, dans les Hautes-Alpes.

POIDS LÉGAUX.		POIDS USUELS.		
Kilogram.e	Grammes.	Onces.	Gros.	Grains.
1	1000	32	»	»
	500	16	»	»
	200	6	3	11
	100	3	1	43
	50	1	4	57

Les personnes qui par leur profession, sont chargées du soin de notre santé, ont particulièrement besoin d'avoir des rapports clairs, justes et faciles.

Je crois avoir rempli ici ces trois conditions.

POIDS LÉGAUX		POIDS USUELS.		
Grammes	Fractions.	Gros.	Grains.	10.es
20	»	5	8	»
10	»	2	40	»
5	»	1	20	2
2	»	0	36	8
1	»	0	18	4
0	*5 D.G.	0	9	2
0	2 D.G.	0	3	7
0	1 D.G.	0	1	8
0	5 C.G.	0	0	9
0	2 C. G.	0	0	5
0	1 C. G.	0	0	2

* D. G. *Signifie :* Décigramme, 10e de gramme.
C. G. — Centigramme, 100e de gramme.

VOITURES DE TRANSPORT.

Abrégé des Lois et Ordonnances Royales relatives aux Voitures de transport à deux Roues, sur les grandes routes.

1° Il est défendu à toute personne conduisant une voiture de transport, de dormir sur sa voiture, de quitter ses chevaux ; et s'il conduit plusieurs voitures il doit toujours être en tête de la première. — Amende de 6 à 10 fr. (*Ordonnances du 2 août 1774 et 4 février 1786.*)

2° Chaque voiture de transport doit avoir une plaque fixée au-devant du coté gauche ; cette plaque doit être en métal et porter en caractères peints et apparents, le nom et domicile du propriétaires. — 25 fr. d'amende. (*Décret du 23 juin 1806.*)

3° Toute voiture de transport doit avoir des moyeux dont la saillie, en y comprenant celle de l'essieu, n'excède pas 12 centimètres (4 pouces et 1/2), un plan passant par la face extérieure des jantes. — Amende de 15 francs. (*Décret du 23 juin 1806.*)

4° Les clous des bandes doivent être rivés à plat et ne pas former une saillie de plus d'un centimètre — Amende de 15 francs. (*Décret du 23 juin 1806.*)

5° Toute voiture attelée de plus d'un cheval, ou d'un cheval et un âne, doit avoir des jantes de 11 centimètres au moins (4 pouces.) Elle ne peut pas transporter à deux roues, plus de 2,700 kilogrammes. (54 quintaux.) voiture et chargement compris. Elle peut porter 3,500 kilogrammes (70 quintaux), avec des jantes de 14 à 17 centimètres (de 5 à 6 pouces.) — Amende de 30 francs, dont la moitié est pour le saisissant. (*Loi du 27 février 1804.*)

Aucune voiture de transport ou de roulage ne peut se dispenser de la plaque ni des jantes de 11 à 17 centimètres, si elle est attelée de plus d'un cheval, à moins qu'elle ne soit employée exclusivement à l'exploitation des fermes, au transport des engrais dans les propriétés rurales ou à celui des denrées de la ferme chez le propriétaire directement, et non pour être livrées à la vente ou à la consommation.

CALCULS D'INTÉRÊT

Rendus faciles et à la portée des personnes les moins exercées en arithmétique.

Il y a diverses manières de calculer les intérêts, j'en indiquerai plusieurs, pour qu'on puisse employer celles qu'on trouvera les plus commodes.

Si on avait à calculer l'intérêt de F. 900 à 5 pour cent l'an, pour 1 an, 6 mois, ou 3 mois, l'on sait généralement que l'intérêt de F. 900 pour un an.

	A 5 p. % est de	F. 45
Que pour 6 mois c'est la moitié		22 50 c.
Et que pour 3 mois c'est le quart		11 25

Mais il arrive presque toujours qu'une somme quelconque, n'a pas été placée à intérêt, 12, 6 ou 3 mois, et que c'est plus ou moins, il faut alors recourir à des modes de calcul qui puissent servir facilement dans tous les cas qui peuvent se présenter.

Je commencerai par la plus ancienne méthode connue, qui peut encore être utile aujourd'hui dans quelques circonstances, et surtout si on y fait l'application du principe général que j'indique ci-après.

Question.

On demande quel est l'intérêt de 900 francs à 5 pour cent l'an, à partir du 15 janvier dernier, jusqu'au 27 mai suivant.

Principe Général.

Quelque soit le mode de calcul qu'on adopte, il faut d'abord, pour simplifier et faciliter l'opération, compter le nombre de jours que la somme à été placée à l'intérêt.

Ce nombre de jours se compte de deux manières, les uns comptent tous les mois composés de 30 jours, et les autres les comptent tels qu'ils sont. C'est cette dernière méthode que je suivrai.

Dans un cas comme dans l'autre on ne compte l'année

que de 360 jours, dans les opérations que l'on fait par le calcul de banque, qui donne le même résultat que par les autres modes.

Calcul exact

Du nombre de jours qu'il y a du 15 janvier dernier au 27 mai suivant.

Reste de janvier	16	jours.
février	28	*id.*
mars	31	*id.*
avril	30	*id.*
mai	27	époque.
TOTAL. . . .	132	jours.

PREMIÈRE SOLUTION.

Par les parties aliquotes ou parties de l'entier.

L'intérêt de 900 fr. pour un an serait. .	F. 45, 00
Celui de 90 jours ou 3 mois = Le 1/4.	11, 25
Célui de 30 jours ou 1 mois = Le 1/3 de 3 m.	3, 75
Celui de 10 jours ou le 1/3 de 30 jours = . .	1, 25
Celui de 2 jours ou le 1/5 de 10 jours = . .	0, 25
132 jours.	
Donc l'intérêt de F. 900, pour 132 jours, à 5 0/0 l'an = ...	16, 50

2me SOLUTION.

Par la règle de proportion.

1e L'intérêt de F. 900, pour un an ou 360 jours, à 5 0/0, est de F. 45;

2o Le nombre de jours que la somme a été placée à intérêt est de 132.

De ces renseignements résulte la proportion ou règle de trois suivante :

360 jours ont produit F. 45, :: 132 jours : x.

On sait que pour faire une règle de proportion, vulgairement appelée règle de trois, on multiplie les deux derniers termes l'un par l'autre, et on divise par le premier.

Opération.

```
  132 jours
   45
 ------
  660
 528
 -------|
 5940   | 360
 2340   |-----
        | 16,50
  180,00
   0000        Réponse F. 16, 50.
```

3me SOLUTION.

Par le calcul de banque.

Ce calcul se fait en multipliant la somme par le nombre de jours pendant lesquels elle a été placée à intérêt, et en divisant le produit par le produit qu'on aura déjà obtenu de 360 jours divisés par le taux de l'intérêt. Le résultat donne l'intérêt en centimes.

On simplifie beaucoup cette opération par le moyen du tableau suivant qui indique ce dernier diviseur, depuis 3 pour cent jusqu'a 6 pour cent.

Tableau des diviseurs pour divers taux d'intérêt.

A 3 0/0 l'an l'on divise le produit de la somme multipliée par le nombre de jours, par.	120
A 4 0/0 par.	90
A 5 0/0 par.	72
A 6 0/0, taux du commerce, par.	60

Si on voulait connaître le diviseur d'un autre taux d'intérêt, celui de 2 0/0, par exemple, on diviserait 360 jours par 2. D'après le principe ci-dessus, ce qui donnerait 180; donc 180 serait le diviseur pour le taux de 2 0/0 l'an.

D'après les explications qui précèdent on multiplie la somme (900) par le nombre de jours (132) et l'on divise par 72 qui est le diviseur de 5 0/0 l'an.

Opération.

```
     132 jours
     900
   ------
   118800 | 72
    468   |------
     360  | 16, 50
```

Le résultat est également F. 16, 50.

4me SOLUTION.

On peut encore calculer les intérêts d'une autre manière qu'il est également utile de connaître et qui peut abréger dans plusieurs circonstances. Ce mode est entièrement basé sur le précédent, il consiste seulement à abréger et simplifier la division.

Exemple.

A 3 0/0 l'an, on doit diviser le produit de la somme (900) par le nombre de jours (132)=118800, par 120. Parceque 3 fois 120 font 360, qui sont le nombre de jours qu'on doit compter dans l'année pour la régularité du calcul seulement.

Puisqu'on doit diviser par 120, en retranchant le dernier chiffre à droite à chacun des deux facteurs, et prenant le 12me de ceux qui restent au dividende, on obtient le même résultat.

Produit de la somme par le nombre de jours. 118800

A 3 0/0 l'an on prend le 12me=F. . . . 9, 90

A 4 0/0 l'an on prend le 9me=F. 13, 20

A 5 0/0 l'an on prend aussi le 9me=F. . 13, 20

Et on ajoute le quart de ce 9me=F. . 3, 30

16, 50

A 6 0/0 l'an on prend le 6me de 118800=19, 80.

Observations.

Pour le taux d'intérêt de 5 0/0, on peut se servir du produit de celui que donne 6 0/0, en en déduisant le 6me.

Exemple.

L'intérêt à 6 0/0 donne F. 19, 80

Si j'en déduis le 6me. . . . 3, 30

Il me reste F. 16, 50.

FIN.

TABLE
EXPLICATIVE DES MATIÈRES.

Pages.

GAP, —IMPRIMERIE DE J. ALLIER.

184

www.ingramcontent.com/pod-product-compliance
Ingram Content Group UK Ltd.
Pitfield, Milton Keynes, MK11 3LW, UK
UKHW012301240726
13966UKWH00004B/1541

9 782011 262271